FORSCHUNGSBERICHT DES LANDES NORDRHEIN-WESTFALEN

Nr. 2692/Fachgruppe Physik/Chemie/Biologie

Herausgegeben im Auftrage des Ministerpräsidenten Heinz Kühn
vom Minister für Wissenschaft und Forschung Johannes Rau

AF363116

Dipl.-Phys. Lothar Heins
Dipl.-Phys. Walter Ferchländer
Prof. Dr. Dieter Schütte
Prof. Dr. Konrad Bleuler
Institut für Theoretische Kernphysik
der Universität Bonn

Mesonvariable im Vielnukleonenproblem

WESTDEUTSCHER VERLAG 1977

CIP-Kurztitelaufnahme der Deutschen Bibliothek

Mesonvariable im Vielnukleonenproblem / Lothar
Heins ... - 1. Aufl. - Opladen: Westdeutscher
Verlag, 1977.
  (Forschungsberichte des Landes Nordrhein-
  Westfalen; Nr. 2692 : Fachgruppe Physik/
  Chemie/Biologie)
  ISBN-13: 978-3-531-02692-3   e-ISBN-13: 978-3-322-88112-0
  DOI: 10.1007/978-3-322-88112-0
NE: Heins, Lothar [Mitarb.]

© 1977 by Westdeutscher Verlag GmbH, Opladen
Gesamtherstellung: Westdeutscher Verlag

ISBN-13: 978-3-531-02692-3

<u>Inhalt</u>

1. Einleitung

Grundlage zur Behandlung der mesonischen Variablen im
nukleonischen Vielteilchenproblem ist die Annahme, daß es in
guter Näherung möglich sein sollte, zur Beschreibung des Kerns
einen feldtheoretischen Hamiltonoperator

$$H = H_O^O + W = \sum_\alpha E_\alpha^O a_\alpha^+ a_\alpha + \sum_k \omega_k b_k^+ b_k + \left[\sum_{\alpha\beta k} W_{\alpha\beta k} a_\alpha^+ a_\beta b_k^+ + h.c. \right] \tag{1}$$

(mit Nukleonoperatoren a_α und Bosonoperatoren b_α) zu ver-
wenden. Dieser Hamiltonoperator ist dabei insofern als "effektiv"
aufzufassen, als er die Nukleonen und Bosonen als "Elementarteilchen" behandelt (keine Berücksichtigung von inneren
Strukturen wie Quarks oder Partonen) und die Wechselwirkung W
Formfaktoren enthält, die H zu einem mathematisch wohl-
definierten Objekt machen.

Zur Lösung des Eigenwertproblems von H können nun verschiedene
Näherungen gemacht werden, die zu diversen physikalischen Aus-
sagen (im Sinne einer Verknüpfung zwischen physikalischen
Phänomenen) führen. Im Rahmen unseres Forschungsvorhabens
wurden die folgenden Methoden studiert: 1. Verwendung von
nicht-kovarianter (d.h. Goldstone) Störungstheorie und die Verknüpfung von N-N-Problem und Kernmaterie[1-3] (Kap. 2).
2. Berechnung der Kernwellenfunktion mit mesonischen Freiheitsgraden und die Mesonen-Verteilung im Kern[4] (Kap. 3). Studium
von Greensfunktionsmethoden - eine Alternative zur Goldstone-
-Störungstheorie - an einem einfachen Beispiel (Kap. 4).

2. Brucknertheorie mit mesonischen Variablen

Die Verallgemeinerung der üblichen Goldstone-Theorie für
den Hamiltonoperator (1) führt in einer "Ein-Boson-Austausch-
-Näherung"zu Gleichungen für die N-N-Streuung und die Kernmaterie, die denen der üblichen Vielteilchentheorie sehr
ähnlich sind[1]: Für die N-N-Streuung erhält man die sog.
Kadyshevsky-Gleichung[5].

$$T(z) = V(z) + V(z)\, (z-H_0)^{-1} T(z) \tag{2}$$

$$V(z) = W(z-H_0)^{-1}\, W \,\big|_{einfach}$$

$$H_0 = \sum_\alpha E_\alpha a_\alpha^+ a_\alpha \quad \text{mit} \quad E_\alpha = (M^2 + p^2)^{1/2} \tag{2}$$

Der Unterschied zur üblichen Schrödingergleichung besteht in
der Ersetzung des z-unabhängigen OBE-Potentials V_{OBE}
($\langle\phi|V_{OBE}|\phi'\rangle = \frac{1}{2}\langle\phi|V(E_\phi) + V(E_{\phi'})|\phi'\rangle$) durch $V(z)$. Für
die Energie der Kernmaterie erhält man in der Zwei-Lochlinien-
-Näherung

$$E = \sum_a E_a + \frac{1}{2}\sum_{ab}\langle ab|g(\epsilon_a+\epsilon_b)|ab\rangle \qquad a,b<k_F$$

$$g(z) = U(z) + U(z)Q\,(z-h)^{-1}\, g(z)$$

$$\epsilon_a = E_a + \sum_b \langle ab|g(\epsilon_a+\epsilon_b)|ab\rangle$$

$$U(z) = W\,(z-h-t)^{-1} W$$

$$Q = \frac{1}{2}\sum_{AB}|AB\rangle\langle AB| \qquad A,B>k_F$$

$$h = \sum_\alpha \epsilon_\alpha a_\alpha^+ a_\alpha \qquad t = \sum_k \omega_k b_k^+ b_k \tag{3}$$

Gegenüber der üblichen Brucknertheorie besteht die Änderung
wiederum in einer Ersetzung von V_{OBE} durch $U(z)$. Die
physikalische Deutung der z-Abhängigkeit liegt in der korrekten
Elimination der mesonischen Variablen im Sinne der Theorie der

effektiven Wechselwirkung von Bloch und Horowitz[6]. Bei der
Ersetzung $V(z)$ (im N-N-Problem) durch $U(z)$ (Kernmaterie)
berücksichtigt man die anschauliche Tatsache, die Nukleonen
im Kernverband das mittlere Potential der anderen Nukleonen
auch während des Bosonaustausches spüren.

Konkrete Rechnungen für das N-N-Problem[2] ergaben eine be-
friedigende Anpassung an die N-N-Streudaten mit Kopplungskonstanten und Formfaktoren, die im üblichen Rahmen der
OBE-Potentiale liegen. Einen Unterschied zu den Standard-
-OBE-Potentialen zeigte die D-Beimischung P_D des Deuterons,
die wegen der Unterdrückung von Effekten höherer Ordnung in
Gleichung (2) kleiner wurde (4% gegenüber 5,4%).

Rechnungen in der Kernmaterie[3] lieferten wegen dieses kleinen
Wertes von P_D höhere Bindung und Dichte (bei Sättigung),
jedoch war diese Erhöhung, durch die Verwendung von (3),
geringer als erwartet. Insgesamt konnte gezeigt werden, daß
die Berücksichtigung von mesonischen Freiheitsgraden im
Rahmen von (1) und (2) einen abstoßenden Effekt in der Kernmaterie liefert, der als Funktion der Dichte durch die Formel

$$\Delta E(k_F) = 0.1 \; k_F^{2.3} + 0.3 \; k_F$$

beschrieben werden kann. Die so veränderten Sättigungswerte
der Kernmaterie verlassen dabei nur unwesentlich die Coester-
linie[3].

3. Die Wellenfunktion unter Berücksichtigung mesonischer Freiheitsgrade

3.1 Brueckner-Theorie der Wellenfunktion

Die Wellenfunktion eines quantenmechanischen Systems ist zwar
keine meßbare Größe, sie ist aber trotzdem von großem Wert,
weil in ihr alle Informationen gespeichert sind, die die
zugrunde liegende Theorie für dieses System liefert. Diese
Informationen kann man durch die Bildung von Erwartungswerten
abrufen und in meßbare, d.h. mit den experimentellen Ergebnissen
vergleichbare Größen verwandeln. Es lag deshalb nahe, im
Rahmen dieses Forschungsvorhabens die Bedeutung der mesonischen
Freiheitsgrade im Vielteilchensystem bereits auf der Stufe
der Wellenfunktion zu untersuchen.

Der mesonisch erweiterte Hamiltonoperator (1) führt - wie in
der üblichen Vielteilchentheorie - zu einer Grundzustandswellenfunktion ψ , die sich als

$$\psi = e^S \phi \tag{5}$$

schreiben läßt. Dabei ist ϕ der ungestörte Grundzustand
($h\phi = E_0\phi$) und S ein Operator, der nach den Feynman-Regeln
von Ref.[1] gebildet wird und alle zusammenhängenden, nach
oben offenen Diagramme enthält. Beschränkt man sich auf
Diagramme mit höchstens einem Meson in den Zwischenzuständen
und höchstens zwei Lochlinien (OBE- und Brueckner-Näherung),
so erhält man

$$S = S_B + S_1 + S_2 + S_3 \tag{6}$$

mit folgender Bedeutung:

$$S_B = \frac{1}{4} \sum g_{ABab}(\omega_{ab})(\omega_{AB}-\omega_{ab})^{-1} a_A^+ a_B^+ a_a a_b$$

$$\omega_{\alpha\beta} = \varepsilon_\alpha + \varepsilon_\beta \tag{7}$$

entspricht dem 2-Teilchen-2-Loch-Term der Brueckner-Theorie
ohne mesonische Freiheitsgrade.

Die drei übrigen Anteile von S sind durch die explizite
Einführung der Mesonen als Elementarteilchen bedingt:

$$S_1 = - \sum W_{aak}^+ \omega_k^{-1} b_k^+ - \sum W_{aAk}^+ (\varepsilon_A - \varepsilon_a + \omega_k)^{-1} a_A^+ a_a b_k^+ \qquad (8)$$

$$S_2 = \sum W_{Aak}^+ g_{ABab}(\omega_{ab}) \left[(\varepsilon_B - \varepsilon_a + \omega_k)(\omega_{AB} - \omega_{ab}) \right]^{-1} a_B^+ a_b b_k^+$$

$$S_3 = \tfrac{1}{2} \sum W_{ACk}^+ g_{ABab}(\omega_{ab}) \left[(\omega_{ab} - \omega_{CB} - \omega_k)(\omega_{AB} - \omega_{ab}) \right]^{-1} a_C^+ a_B^+ a_a a_b b_k^+$$

3.2 Woundintegrale

Von der damit bestimmten Grundzustandswellenfunktion lassen
sich auf im Prinzip sehr einfache Weise durch die Bildung von
Erwartungswerten meßbare Größen ableiten:

Ist $A = \sum A_b^1 a_b a_b^+ + \sum A_B^2 a_B^+ a_B + \sum M_k b_k^+ b_k$

ein normal-geordneter Diagonaloperator, dann lautet sein
Erwartungswert:

$$\langle A \rangle = \langle \psi | A | \psi \rangle \, (\langle \psi | \psi \rangle)^{-1} = \langle \phi | S^+ A S | \phi \rangle \qquad (9)$$

Wählt man insbesondere als Operator

$$A = \frac{1}{N} \sum a_b a_b^+ \qquad (10)$$

wobei N die Zahl der Nukleonen ist, so erhält man das
sogenannte Woundintegral κ , das sich in einen nukleonischen
Anteil κ_B und einen mesonischen Anteil κ_M aufspaltet:

$$\kappa = \kappa_B + \kappa_M$$

$$\kappa_B = \frac{2}{N} <\phi|S_B^+ S_B|\phi>$$

$$\kappa_M = \frac{1}{N} <\phi|(S_1+S_2+S_3)^+(S_1+S_2+2S_3)|\phi>$$

$$= \frac{1}{N} <\phi|S_1^+S_1|\phi> + \frac{2}{N} <\phi|S_1^+S_2|\phi>$$

$$+ \frac{1}{N} <\phi|S_2^+S_2|\phi> + \frac{2}{N} <\phi|S_3^+S_3|\phi>$$

$$= \kappa^1 + \kappa^{12} + \kappa^2 + \kappa^3 \tag{11}$$

κ_B ist das aus der üblichen Vielnukleonen-Theorie bekannte
Woundintegral, das die Wahrscheinlichkeit angibt, daß sich
ein Nukleon in Kernmaterie über dem Fermi-See befindet, d.h.,
daß sein Impuls größer als der Fermi-Impuls k_F ist. Tabelle 1*
gibt die numerisch berechneten Werte für κ_B in Abhängigkeit
von Fermi-Impuls und damit von der Dichte wieder. Danach
befinden sich bei der in Ref.[3] kalkulierten Sättigungsdichte
(k_F = 1.7 fm^{-1}) 7,7 Prozent der Nukleonen in einem Zustand
über dem Fermi-See, was in ausgezeichneter Übereinstimmung
mit den auf andere Weise berechneten nukleonischen Wound-
integralen steht.

Tabelle 1 enthält weiter die numerischen Werte für das
mesonische Woundintegral κ^2 , das als ein Maß für die Dichte
der an der Wechselwirkung zwischen den Nukleonen beteiligten
Mesonen in Kernmaterie interpretiert werden kann. Man sieht,
daß bei der Sättigungsdichte auf 100 Nukleonen insgesamt
2,4 der in die Theorie aufgenommenen Mesonen ($\pi,\eta,\sigma,\delta,\omega,\phi,\rho$)
kommen. Unter den einzelnen Mesonen dominiert eindeutig das

---

*s. S. 23

phänomenologische σ-Meson, das den 2Π-Austausch mit Drehimpuls und Gesamtisospin 0 zwischen zwei Nukleonen para-
metrisieren soll und mit $\kappa_\sigma^2 = 0.019$ allein die Größenordnung von κ^2 bestimmt. Bereits um einen Faktor 8 seltener
ist das ρ-Meson in Kernmaterie zu finden, das eine 2Π-
-Resonanz mit Spin und Isospin 1 darstellt. Noch geringer
werden die Wahrscheinlichkeiten für den 1Π-Austausch und für
die 3Π-Resonanz ω , während die übrigen drei Mesonen η,δ
und ϕ kaum ins Gewicht fallen. Die Dominanz des skalaren
2Π-Austausches ist wesentlich eine Konsequenz der pseudo-
skalaren Kopplung der Pionen an die Nukleonen; diese bewirkt,
daß in einem 2Π-Austausch-Potential die großen Komponenten
der Dirac-Spinoren der Nukleonen auf die großen und die
kleinen Komponenten auf die kleinen projiziert werden, während
es beim einfachen Π-Austausch zu einer Mischung kommt.

Da die Kalkulation von κ^3 aufgrund der komplizierteren
Struktur des Operators S_3 einen unverhältnismäßig hohen
Aufwand an Rechenzeit erfordert hätte, wurde zunächst eine
Abschätzung der Größenordnung versucht. Diese ergab, daß
κ^3 weniger als 25 Prozent von κ^2 ausmachen dürfte, sodaß
es keine prinzipiellen Korrekturen zu κ_M bewirken kann.

3.3 Effekte der Mesonenwolke

Bei der Berechnung von κ_B, κ^2 und κ^3 wurden Selbstenergie-
effekte, d.h. die Wirkung der Mesonenwolken der einzelnen
Nukleonen auf die Gesamtwechselwirkung, effektiv durch Ein-
setzung der experimentell meßbaren Nukleonenmasse berücksichtigt.
(Die Renormierung der Mesonenenergien entfällt bei einem
Hamiltonoperator wie (1) ohne Antinukleonen). Da dieses Ver-

fahren auch bei der NN-Streuung angewandt wird, war es
konsistent, die an die experimentellen Streudaten angepaßten
Parameter (Kopplungskonstanten, Mesonenmassen und insbesondere
Cut-off-Massen) zu übernehmen. Grundlegend anders war die
Situation jedoch bei κ^1 und κ^{12} , da sie durch den Operator
S_1 hervorgerufen werden, der die Mesonenwolke der Nukleonen
in Kernmaterie erzeugt. Zwar kann man die Mesonenmassen, die -
wie oben erwähnt - in dieser Theorie nicht renormiert werden,
weiterhin aus der Anpassung an die NN-Streudaten übernehmen.
Bereits bei den Kopplungskonstanten, die ja in gewisser Weise
die Stärke der Wechselwirkung angeben, sind Zweifel an einem
solchen Schritt angebracht, während die Festlegung der Cut-
-off-Massen, also der Parameter für die Reichweite der Kern-
kräfte, völlig offen ist.

In dieser Situation haben wir uns entschlossen, die Kopplungskonstanten zwar beizubehalten, die Cut-off-Massen jedoch
zum Teil wesentlich zu verkleinern. Das entspricht einer
größeren Reichweite der für die Selbstenergieeffekte ver-
antwortlichen Kräfte und ist auch mit Selbstenergiekalku-
lationen bei der ΠN-Streuung konsistent.

Die Berechnungen ergaben, daß κ^{12} , das man als ein Maß
für die Wechselwirkung zwischen den Nukleonen über ihre
Mesonenwolken betrachten kann, in der Größenordnung von κ^2
liegt. Wesentlich kräftiger sind die reinen Selbstenergieeffekte, die durch κ^1 beschrieben und für die Pionen in
Tabelle 1 wiedergegeben werden. Die Werte sind anschaulich
etwa so zu interpretieren, daß bei einem Fermi-Impuls
$k_F = 1.7$ fm^{-1} und einer Cut-off-Masse von 500 MeV von
100 Nukleonen in Kernmaterie im Durchschnitt 10 von einem

Pion begleitet werden $(100 \ \kappa_{\Pi}^{1} = 10)$. Geht man zur Wechselwirkung von Nukleonen außerhalb der Kernmaterie über, so muß
man die selbstkonsistent bestimmten Energien ε_{α} (Gleichung (3))
durch die freien Energien E_{α} (Gleichung (2)) ersetzen und
erhält die ebenfalls in Tabelle 1 wiedergegebenen Werte
κ_{Π}^{0} , die etwas über κ_{Π}^{1} liegen.

3.4 Mesonstromkorrekturen

Mit Hilfe des Operators S_1 war es außerdem möglich, auf
eine neue Art Mesonstromkorrekturen zu bestimmen. Ist
$A = \sum A_{\alpha} a_{\alpha}^{+} a_{\alpha} + \sum M_k b_k^{+} b_k$ ein Einteilchen-Operator, so lautet
sein renormierter Einnukleon-Wert

$$A_{\alpha}^{r} = \langle \psi_{\alpha} | A | \psi_{\alpha} \rangle \ (\langle \psi_{\alpha} | \psi_{\alpha} \rangle)^{-1} \tag{12}$$

wobei ψ_{α} die exakte Einnukleon-Eigenfunktion von H ist.
In der OBE-Näherung erhält man

$$A_{\alpha}^{r} = A_{\alpha} + \sum_{\beta k} (A_{\beta} - A_{\alpha} + M_k) |W_{\alpha \beta k}|^2 (E_{\alpha} - E_{\beta} - \omega_k)^{-2} \tag{13}$$

Für ein Vielteilchen-System ergibt sich in unterster Ordnung

$$\langle A \rangle = \sum_a A_a^{r}$$

$$= \langle \phi | A | \phi \rangle + \langle \phi | S_1^{+} : A : S_1 | \phi \rangle$$

$$= \sum_a \tilde{A}_a^{r} + \langle A \rangle_{ecc}$$

$$\tilde{A}_{\alpha}^{r} = A_{\alpha} + \sum_{\beta k} (A_{\beta} - A_{\alpha} + M_k) |W_{\alpha \beta k}|^2 (\varepsilon_{\alpha} - \varepsilon_{\beta} - \omega_k)^{-2}$$

$$\langle A \rangle_{ecc} = \sum_{abk} M_k W_{aak} W_{bbk}^{+} \omega_k^{-2}$$
$$- (A_b - A_a + M_k) |W_{abk}|^2 (\varepsilon_a - \varepsilon_b - \omega_k)^{-2} \tag{14}$$

$\langle A \rangle$ ist also die Summe der renormierten Einteilchenwerte
$\tilde{A}_a^r$ mit selbstkonsistent bestimmten Einteilchen-Energien im
Nenner plus einem zusätzlichen Term $\langle A \rangle_{ecc}$, der die unterste
Ordnung der Mesonstromkorrekturen darstellt. Setzt man
$A = A_\Pi = N^{-1} \sum_k b_k^+ b_k$, so erhält man die entsprechende Auf-
spaltung für die Pionen:

$$\kappa_\Pi^1 = \tilde{\kappa}_\Pi^1 + \kappa_{\Pi,ecc}^1 \tag{15}$$

Die Werte für $\kappa_{\Pi,ecc}^1$ sind ebenfalls in Tabelle 1 angegeben.
Sie liegen etwa eine Größenordnung unter κ_Π^1 und sind weniger
stark von der Cut-off-Masse abhängig. Auch wenn man in den
Energienenner freie Energien E_α statt ε_α einsetzt
($\kappa_{\Pi,ecc}^1$(frei)), oder die statische Näherung $E_\alpha \simeq M$ benutzt
($\kappa_{\Pi,ecc}^1$(statisch)), ergeben sich, wie die Tabellenwerte
zeigen, keine wesentlichen Änderungen.

Damit läßt sich κ_Π^2 zerlegen in

$$\kappa_\Pi^2 = \kappa_\Pi^0 + \left(\tilde{\kappa}_\Pi^1 - \kappa_\Pi^0\right) + \left(\kappa_{\Pi,ecc}^1 + \kappa_\Pi^{12} + \kappa_\Pi^2\right) \tag{16}$$

mit folgender Interpretation der drei Terme:
κ_Π^0 beschreibt die Wirkung der Mesonenwolke des einzelnen
Nukleons. $\left(\tilde{\kappa}_\Pi^1 - \kappa_\Pi^0\right)$ gibt diejenigen Selbstenergieeffekte
wieder, die durch das Vielteilchen-System bedingt sind.
$\left(\kappa_{\Pi,ecc}^1 + \kappa_\Pi^{12} + \kappa_\Pi^2\right)$ schließlich gibt die Wahrscheinlichkeit
dafür an, einen Einpion-Zwischenzustand in Kernmaterie zu
finden. Für experimentelle Untersuchungen dieser Wahrscheinlichkeit ist es notwendig, sowohl Messungen am Einnukleon-
-System wie am ganzen Kern vorzunehmen, um Vielteilchen-
-Effekte von Einnukleon-Effekten zu unterscheiden. Aufgrund
unserer Kalkulationen kann man für das Ergebnis voraussagen,
daß die Wahrscheinlichkeit, einen Einpion-Zwischenzustand
in einem N-Nukleonen-Kern zu finden, kleiner als N mal
die entsprechende Wahrscheinlichkeit beim freien Nukleon
ist.

4. Erweiterung der Random-Phase-Approximation unter Verwendung der Greensfunktionen und ihre Anwendung auf ein Modell

4.1 Einleitung

Eine alternative Methode zur Behandlung eines Hamiltonoperators vom Typ (1) stellt die Verwendung von Greensfunktionen und ihre Berechnung durch systematische Störungstheorie dar. Ob diese Methode besser geeignet ist zur Beschreibung von Kerneigenschaften als die bisher verwendete Goldstone--Störungstheorie, ist nur durch jeweiliges Abwägen der Güte von Näherungsverfahren zu entscheiden. Ziel der nun folgenden Untersuchung war es, an einem einfachen Modell die Qualität der Methode der Greensfunktionen in der Form der sog. RPA zu testen.

Die Random-Phase-Approximation (RPA) als Näherungsmethode zur Berechnung von Anregungsenergien in Vielteilchensystemen läßt sich nach mehreren getrennten Verfahren gewinnen, beispielsweise mit Hilfe der zeitabhängigen Hartree-Fock-Theorie oder durch Linearisierung der Bewegungsgleichungen für einen allgemeinen Teilchen-Loch-Anregungsoperator. Die wichtigste Möglichkeit besteht in der Verwendung der Technik der Greensfunktionen: Die Zweiteilchen-Greensfunktion läßt sich nämlich mit Hilfe der Störungstheorie als eine Iterationsgleichung vom Bethe-Salpeter-Typ auffassen, in der die einzelnen Terme durch Feynman-Diagramme einer gewissen Struktur dargestellt werden können. Die einfachste Struktur eines solchen zu iterierenden Diagramms, die Vertexteile erster Ordnung, ergibt gerade die RPA-Gleichungen. Durch diesen Zusammenhang der RPA mit der Zweiteilchen-Greensfunktion ist zugleich der Rahmen für eine natürliche und systematische Erweiterung der RPA gegen: Es wird nahegelegt, die Struktur der zu iterierenden Diagramme nach und nach durch Hinzunahme höherer Ordnungen komplexer zu ge-

stalten und die durch diese Erweiterung entstehenden Ver-
änderungen der Anregungsenergien gegenüber der RPA zu be-
rechnen.

Die Untersuchung dieser neu auftretenden Diagrammstrukturen
und der konkrete Test der Ergebnisse an einem erweiterten
Lipkin-Modell waren das Ziel der vorliegenden Arbeit.
Aus diesem Ziel ergab sich der folgende Programmablauf der
Arbeit:
- Untersuchung der Theorie der Greensfunktionen in ihren
  Grundlagen, insbesondere der Ein- und Zweiteilchen-Greens-
  funktionen, ihrer störungstheoretische Entwicklung mit
  Hilfe der Feynman-Diagramme, sowie der Diagramm-Struktur
  der Bethe-Salpeter-Gleichung
- Darstellung des Zusammenhangs der Zweiteilchen-Greens-
  funktion mit der RPA und der Möglichkeiten einer systema-
  tischen Erweiterung
- Untersuchung von Termen im Vertexteil von höherer als der
  ersten Ordnung und Renormalisierung der freien Einteilchen-
  linien.
- Anwendung auf ein erweitertes Lipkin-Modell.

4.2 Abriß der Methode der Greensfunktionen

Die n-Teilchen-Greensfunktion sei definiert durch

$$G^{[n]}(1,\ldots,n;\ 1',\ldots,n')$$
$$= (-i)^n \langle \Psi_o | T[\psi(1)\ldots\psi(n)\psi^+(n')\ldots\psi^+(1')] | \Psi_o \rangle \quad (17)$$

Die verwendeten Symbole haben dabei folgende Bedeutung:
$\psi(i)$, $\psi^+(i)$ seien die Feldoperatoren der zweiten Quanti-
sierung in der Heisenberg-Darstellung.

i repräsentiert eine Kombination der maßgeblichen Koordinaten
bzw. Quantenzahlen, die den Zustand des durch die Feldoperatoren
vernichteten bzw. erzeugten Teilchens bestimmen, z.B. Raum-
und Zeitkoordinaten, Spin, Isospin, etc.

$|\Psi_0>$ sei der exakte Grundzustand des aus N Teilchen be-
stehenden Vielteilchen-Systems, ebenfalls in der Heisenberg-
-Darstellung.

T ist das Symbol für den Wickschen Zeitordnungsoperator, der,
angewandt auf ein Produkt von Operatoren, diese auf bestimmte
Weise in chronologischer Reihenfolge ihrer Zeitargumente
ordnet.

Die Heisenberg-Operatoren erfüllen für gleiche Zeitargumente
die üblichen Fermionen-Antivertauschungsrelationen. In unserem
Rahmen sind die Fälle n=1 und n=2 , also die Ein- und
Zweiteilchen-Greensfunktionen, von besonderem Interesse.

Für den Fall n=1 zeigt man, indem man die Heisenberg-
-Operatoren durch die entsprechenden Operatoren im Schrödinger-
-Bild ersetzt, daß die Einteilchen-Greensfunktion nur von
der Zeitdifferenz t_1-t_1' abhängt. In diesem Bild ergibt
sich folgende Interpretation für die Einteilchen-Greensfunktion: Für $t_1'<t_1$ stellt sie die Übergangsamplitude dar
für den Prozeß, daß in einem N-Teilchen-Grundzustand ein
zusätzliches Teilchen, das zur Zeit t_1' am Ort $\vec{x}_1'$ erzeugt
wird, zur Zeit t_1 am Ort $\vec{x}_1$ vorgefunden wird. Entsprechendes
gilt bei $t_1<t_1'$ für die Erzeugung und Ausbreitung eines Lochs.

Information über das Anregungsspektrum des eben beschriebenen
N±1-Teilchen-Systems erhält man bei Kenntnis der Einteilchen-
-Greensfunktion, indem man zu ihrer Energiedarstellung über-
geht: Nach Einschieben eines vollständigen Systems von Eigen-
zuständen $|\Psi_n^N\rangle$ des Hamiltonoperators mit den Eigenwerten
E_n^N zwischen den Feldoperatoren im Schrödinger-Bild und
Fouriertransformation bzgl. der Zeitdifferenz t_1-t_1' ergeben
sich die Anregungsenergien des Systems durch die Pole der
Einteilchen-Greensfunktion in dieser Darstellung,

$$G(\omega) = \sum_n \frac{\langle\Psi_o^N|\hat{\psi}(1)|\Psi_n^{N+1}\rangle\langle\Psi_n^{N+1}|\hat{\psi}^+(1')|\Psi_o^N\rangle}{\omega-\left(E_n^{N+1}-E^N\right)+i\eta}$$

$$+ \frac{\langle\Psi_o^N|\hat{\psi}^+(1')|\Psi_n^{N-1}\rangle\langle\Psi_n^{N-1}|\hat{\psi}(1)|\Psi_o^N\rangle}{\omega-\left(E^N-E^{N-1}\right)-i\eta} \tag{18}$$

wobei die oberen Indizes N, N±1 die jeweiligen Teilchenzahlen bezeichnen und die Schrödinger-Operatoren zur Unter-
scheidung von den zugehörigen Heisenberg-Operatoren mit
einem "^" gekennzeichnet sind. E^N ist Eigenwert von H
bezüglich des Grundzustands $|\Psi_o^N\rangle$, und η sei eine in-
finitesimale reelle Größe zur Festlegung des Integrations-
weges.

Die explizite Berechnung der Einteilchen-Greensfunktion
erfolgt mit Hilfe der Störungstheorie unter Verwendung von
Feynman-Diagrammen. Dazu transformiert man Zustände und
Operatoren der Greensfunktion ins Wechselwirkungsbild
(interaction picture), um die in dieser Darstellung besonders
einfache Zeitabhängigkeit der Operatoren und ihrer Ver-

tauschungsrelationen, sowie das Wicksche Theorem zur Auf-
zählung der Terme in der Störungsentwicklung ausnützen zu
können.

Jedem Term der Störungsentwicklung wird nach bestimmten
Konstruktionsvorschriften ein Diagramm zugeordnet. Jedem
Diagramm wiederum entspricht ein analytischer Ausdruck,
den man mit Hilfe der sogenannten Feynman-Regeln gewinnt.

Die Iteration und Aufsummation der geeigneten Diagramme wird
durch die Dyson-Gleichung geleistet,

$$G = G^O + G^O \Gamma G \tag{19}$$

wobei G die Einteilchen-Greensfunktion, G^O die freie
Einteilchen-Greensfunktion und Γ die Gesamtheit aller
kompakten Selbstenergie-Teile bedeuten.

Für den Fall $n=2$ erhält man die Zweiteilchen-Greensfunktion,
deren 4 Zeitargumente 4! mögliche Zeitordnungen zulassen.
Man zeigt jedoch, daß die Zweiteilchen-Greensfunktion nur
von drei Zeitdifferenzen abhängt. Je nach Wahl dieser Zeitordnungen enthält die Zweiteilchen-Greensfunktion verschiedene Informationen, z.B. über die Teilchen-Teilchen-,
Teilchen-Loch- oder Loch-Loch- Ausbreitung.
Die Zeitordnung, die der Teilchen-Loch-Ausbreitung zugrunde
liegt, zeichnet sich dadurch aus, daß die in der Energiedarstellung auftretenden Zwischenzustände die gleiche Teilchenzahl wie der Grundzustand enthalten. Deshalb entsprechen die
Pole der Zweiteilchen-Greensfunktion, die in dieser Energiedarstellung entlang der reellen Achse auftreten, gerade den

Anregungsenergien des N-Teilchen-Systems.
Die Berechnung der Zweiteilchen-Greensfunktion erfolgt
analog zum Fall der Einteilchen-Greensfunktion durch störungstheoretische Entwicklung in Feynman-Diagrammen.

Zur Aufsummation der einzelnen geeigneten Diagramme verwendet
man eine Gleichung vom Bethe-Salpeter-Typ,

$$K = \tilde{G}G + GG\Delta k \qquad (20)$$

wobei k die Zweiteilchen-Greensfunktion, G die Einteilchen-Greensfunktion, Δ die Gesamtheit aller kompakten verbundenen Vertexteile und "$\sim$" die Einbeziehung der Austausch-
terme bedeuten.

4.3 Zusammenhang Zweiteilchen-Greensfunktionen-RPA und höhere Terme

Eine vollständige Behandlung dieser hochkomplexen Struktur
ist praktisch nicht durchführbar. Ziel ist es daher, mit
gewissen einfachen Diagrammen in den kompakten verbundenen
Vertexteil Δ einzugehen und die Gleichung näherungsweise
zu lösen.

Die einfachste Näherung für Δ besteht aus einem Vertexteil
erster Ordnung V , während der einfachste Ansatz für die
Einteilchen-Greensfunktionen in der Bethe-Salpeter-Gleichung
durch die freien Einteilchen-Greensfunktionen gegeben ist.

Aus diesen beiden Annahmen folgen die RPA-Gleichungen, die
eine Aufsummation von Diagrammen des folgenden Typs beinhalten:

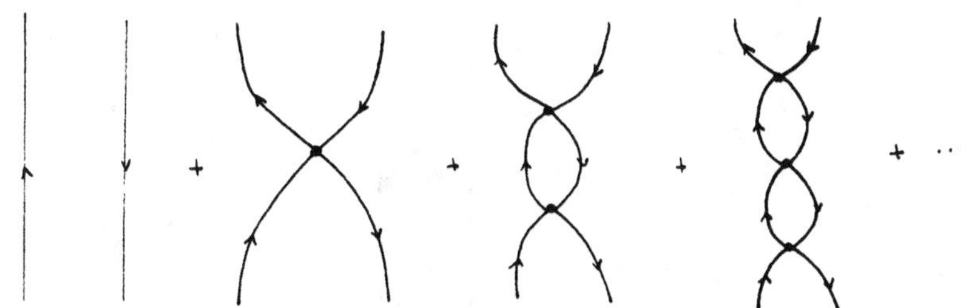

Die entsprechende Iterationsgleichung lautet (in Matrix-
form):

$$k(\omega) = k^O(\omega) + k^O(\omega)\ \tilde V\ k(\omega) \tag{21}$$

wobei $k^O(\omega)$ die freie Teilchen-Loch-Greensfunktion bedeutet
und ansonsten die obigen Bezeichnungen gelten.

Eine natürliche Erweiterung der RPA bietet sich insofern an,
als man die ihr zugrunde liegenden vereinfachenden Annahmen
durch weitergehende Ansätze ersetzen kann, nämlich durch die
Einbeziehung von erstens Vertexteilen in höherer Ordnung und
zweitens von Einteilchen-Greensfunktionen mit Selbstenergie-
termen (die man mit Hilfe der Dyson-Gleichung berechnet)
statt der freien Einteilchen-Greensfunktionen.

Eine systematische Untersuchung aller Diagramme zweiter
Ordnung ergibt die folgenden Teilchen-Loch-Diagramme:

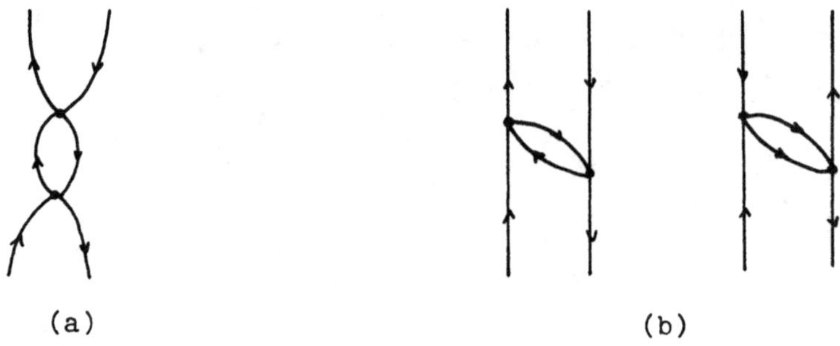

(a)   (b)

Diagramm (a) enthält dabei lediglich einen nicht-kompakten
Vertexteil, der in der Iteration der RPA bereits berücksichtigt ist, während die Diagramme (b) kompakte Vertexteile
$\Delta(\omega)$ beinhalten.

Zur Aufsummation der Beiträge dieser Terme hat man von der
Matrixgleichung

$$k(\omega) = k^O(\omega) + k^O(\omega)\ \Delta(\omega)\ k(\omega) \tag{22}$$

auszugeben, die sich in ihrer Struktur von der entsprechenden
Iterationsgleichung (21) im Wesentlichen durch die Energie-
abhängigkeit des Vertexteils $\Delta(\omega)$ unterscheidet.

4.4 Anwendung auf ein erweitertes Lipkin-Modell

Zur Untersuchung der Änderungen in den Anregungsenergien,
die sich durch Hinzunahme dieser Diagramme gegenüber der
RPA ergeben, betrachtet man ein erweitertes Lipkin-Modell,
das durch einen Hamiltonoperator beschrieben wird, der eine
gewisse Simulation von Monopol- und Paarungswechselwirkung
zwischen zwei mit Nukleonen gefüllten Schalen im Atomkern
mit gleichem Drehimpuls j , aber verschiedener Parität und
einer Energiedifferenz ε erlaubt. Das Energiespektrum
dieses Hamiltonoperators ist mit Hilfe von gruppentheoretischen

Methoden exakt zu bestimmen und bietet sich daher als Test-
modell für Näherungsverfahren an.
Der Hamiltonoperator ist wie folgt definiert:

$$H = \frac{1}{2}(N_+ + N_-) + G_+ A_+^+ A_+ + G_- A_-^+ A_-$$
$$+ G'(A_+^+ A_- + A_-^+ A_+) + \frac{1}{2}W(\tau_+^2 + \tau_-^2) = H_o + V \qquad (23)$$

mit

$$N_\pm = \sum_m a_{m\pm}^+ a_{m\pm}$$

$$\tau_+ = \sum_m a_{m+}^+ a_{m-}$$

$$\tau_- = \tau_+^+$$

$$A_\pm = \frac{1}{2}\sum_m (-1)^{j-m} a_{m\pm} a_{-m\pm}$$

wobei $m \in \{-j,\ldots,+j\}$ und die obere Schale mit "+" und die
unter Schale mit "-" gekennzeichnet ist.
G_+, G_-, G', W , sowie die Teilchenzahl $N=2j+1$ sind freie
Parameter des Modells.

Den einzelnen Termen des Hamiltonoperators, soweit sie aus
Zweiteilchen-Operatoren bestehen, lassen sich vier Typen von
Elementardiagrammen zuordnen,

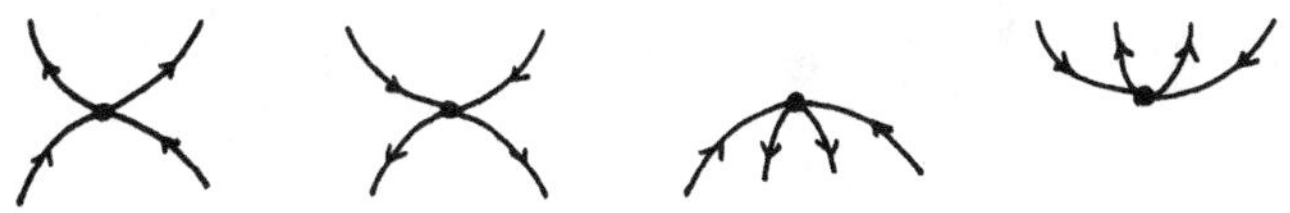

aus denen alle Diagramme höherer Ordnung aufgebaut sein
müssen, die in dem beschriebenen Modell einen Beitrag liefern.

Vergleicht man damit die oben unter (b) gefundenen Diagramme zweiter Ordnung, so stellt man fest, daß diese im
Modell keinen Beitrag liefern.

Dies macht eine Betrachtung der Diagramme in der nächst-
höheren dritten Ordnung erforderlich. Man erhält folgende
Diagramme, die im Modell nicht verschwindende Beiträge
liefern:

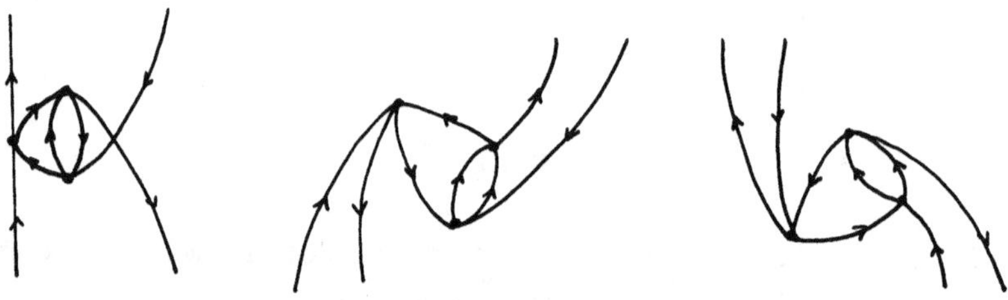

Für alle in diesen Diagrammen enthaltenen Vertexteile gilt,
daß sie kompakt und deshalb mit Hilfe der Gleichung (22)
iterierbar sind.

Die zweite Möglichkeit der Erweiterung der RPA besteht in
der Ersetzung der freien Einteilchen-Greensfunktionen durch
solche, die Selbstenergieterme enthalten. Folgende Einteil-
chen-Selbstenergie-Diagramme ergeben in dem untersuchten
Modell nicht verschwindende Beiträge:

In erster Ordnung:

In zweiter Ordnung:

In dritter Ordnung:

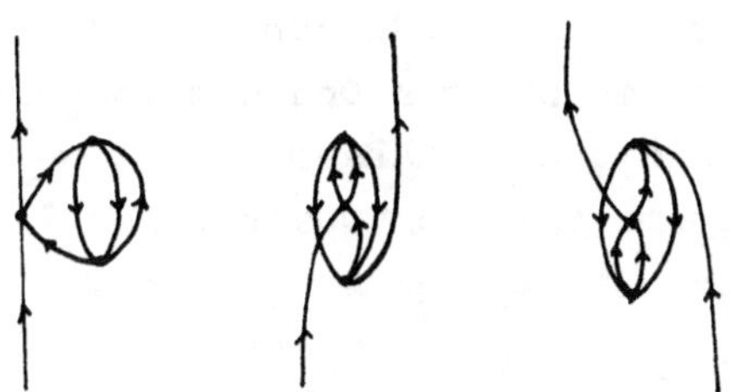

Sie lassen sich mit Hilfe der Dyson-Gleichung (19) auf-
summieren.

Die Erweiterung der RPA durch Mitnahme höherer Ordnungen
in den Vertexteilen und durch Renormalisierung der Einteil-
chenenergie läßt sich durch Anwendung auf das genannte erweiterte Lipkin-Modell testen:

Für die Teilchenzahlen $N=8$ und $N=20$ wird die Anregungs-
energie für kollektive Vibrationen in Abhängigkeit der ver-
schiedenen Parameter des Modell-Hamiltonoperators berechnet.
Dabei ergibt sich folgendes Bild:

1. Der Effekt der Hinzunahme höherer Vertexteile ist gering,
   teilweise schlechter als die RPA.

2. Der Renormalisierungseffekt ist relativ dazu größer.
   In manchen Parameter-Bereichen liegen reelle Lösungen
   vor, in denen RPA keine reellen Beiträge mehr liefert.
3. Der Renormalisierungseffekt ist in manchen Bereichen in
   zweiter Ordnung relativ besser als in dritter Ordnung.
4. Bei ausgeschalteter Paarungswechselwirkung ($G_+=G=G'=0$)
   fallen alle Näherungen mit RPA zusammen, da alle Diagramme höherer Ordnung von mindestens einem der G-
   -Faktoren abhängen.
5. Terme, die vom Quadrat der Teilchenzahl abhängen, bewirken
   quantitativ große Effekte.

Tabelle 1

k_F	$[fm^{-1}]$	1.3	1.5	1.7	1.9
κ_B		0.053	0.064	0.077	0.095
κ^2	(total)	0.0070	0.014	0.024	0.039
	Π	0.00068	0.00097	0.0013	0.0017
	η	0.00001	0.00001	0.00001	0.00001
	σ	0.0049	0.010	0.019	0.031
	δ	0.00004	0.00008	0.00016	0.00032
	ω	0.00032	0.00064	0.0010	0.0018
	ϕ	0.00003	0.00007	0.00012	0.00021
	ρ	0.00097	0.0015	0.0023	0.0037

Cut-off-Massen
(MeV) :

		1.3	1.5	1.7	1.9
κ_Π^1	500	0.13	0.11	0.10	0.094
	750	0.29	0.27	0.25	0.23
	1000	0.48	0.45	0.42	0.40
κ_Π^0	500	0.16	0.15	0.14	0.13
	750	0.35	0.34	0.32	0.31
	1000	0.57	0.55	0.54	0.52
$\kappa_{\Pi,ecc}^1$	500	0.014	0.020	0.028	0.038
	750	0.016	0.024	0.035	0.047
	1000	0.017	0.026	0.038	0.052
$\kappa_{\Pi,ecc}^1$ (frei)	500	0.014	0.020	0.027	0.035
	750	0.016	0.024	0.034	0.045
	1000	0.017	0.026	0.038	0.051
$\kappa_{\Pi,ecc}^1$ (statisch)	500	0.014	0.021	0.028	0.036
	750	0.017	0.025	0.036	0.047
	1000	0.018	0.027	0.040	0.054

Literaturverzeichnis

1. D. Schütte, Nucl. Phys. A221 (1974) 450

2. K. Kotthoff, K. Holinde, R. Machleidt and D. Schütte,
   Nucl. Phys. A242 (1975) 429

3. K. Kotthoff, R. Machleidt and D. Schütte,
   Nucl. Phys. A264 (1976) 484

4. W. Ferchländer, K. Kotthoff and D. Schütte,
   to be published

5. V.G. Kadyshevsky, Nucl. Phys. B6 (1968) 125

6. C. Bloch and J. Horowitz, Nucl. Phys. 8 (1958) 91

FORSCHUNGSBERICHTE
des Landes Nordrhein-Westfalen

Herausgegeben
im Auftrage des Ministerpräsidenten Heinz Kühn
vom Minister für Wissenschaft und Forschung Johannes Rau

Die ,,Forschungsberichte des Landes Nordrhein-Westfalen" sind in
zwölf Fachgruppen gegliedert:

Geisteswissenschaften
Wirtschafts- und Sozialwissenschaften
Mathematik / Informatik
Physik / Chemie / Biologie
Medizin
Umwelt / Verkehr
Bau / Steine / Erden
Bergbau / Energie
Elektrotechnik / Optik
Maschinenbau / Verfahrenstechnik
Hüttenwesen / Werkstoffkunde
Textilforschung

Die Neuerscheinungen in einer Fachgruppe können im Abonnement
zum ermäßigten Serienpreis bezogen werden. Sie verpflichten sich
durch das Abonnement einer Fachgruppe nicht zur Abnahme einer
bestimmten Anzahl Neuerscheinungen, da Sie jeweils unter
Einhaltung einer Frist von 4 Wochen kündigen können.

WESTDEUTSCHER VERLAG
5090 Leverkusen 3 · Postfach 300 620

GPSR Compliance
The European Union's (EU) General Product Safety Regulation (GPSR) is a set
of rules that requires consumer products to be safe and our obligations to
ensure this.

If you have any concerns about our products, you can contact us on

ProductSafety@springernature.com

In case Publisher is established outside the EU, the EU authorized
representative is:

Springer Nature Customer Service Center GmbH
Europaplatz 3
69115 Heidelberg, Germany

www.ingramcontent.com/pod-product-compliance
Lightning Source LLC
LaVergne TN
LVHW080603200726
843510LV00004B/1004